速查清单

快速定位演示幻灯片存在的问题

- [ ] 确认演示场景（演讲型 or 阅读型）及受众
- [ ] 确认幻灯片放映设备、尺寸及软件版本
- [ ] 字体、字号、配色、形状是否有统一方案规划
- [ ] 页面是否有一定的边距不过于拥挤
- [ ] 排版是否遵循原则（对齐、对比、亲密、重复）
- [ ] 配色是否符合品牌、行业、主题等属性或要求
- [ ] 配色是否多而杂乱
- [ ] 图表的选用是否符合数据逻辑
- [ ] 图表是否清晰直观不影响阅读
- [ ] 字体是否便于阅读
- [ ] 字体类型是否符合品牌、行业、主题
- [ ] 文字是否有合适的间距，不拥挤、不散乱
- [ ] 检查是否有错别字
- [ ] 图片图标的选择是否符合内容，且高清无水印
- [ ] 图片处理是否变形或裁剪不合理
- [ ] 确认音频、视频是否可以正常播放

手册目录

相关人员

了解与演示有关的人员信息，把握PPT风格的大致方向

演讲者

了解演讲者的以下信息，有助于确定 PPT 风格，为制作提供大致思路。

□ 职业　□ 职位　□ 年龄　□ PPT风格偏好

观众

了解观众的以下信息，有利于制作出大部分人喜爱的风格。

□ 职业　□ 职位　□ 年龄　□ PPT风格偏好

对象分析

了解汇报对象的信息，明确内容的侧重点

汇报对象	感兴趣的内容侧重（仅供参考）
直属领导	想听听你在工作中发现的问题和解决思路
上级领导	想听听你对未来工作的目标和具体的措施
主管领导	想知道你们在工作中可以借鉴推广的亮点
外部专家	想知道工作中的创新之处和具体成果档次
服务客户	想知道工作中问题的解决办法和配合要求

演示目的

动手之前，制定清晰的目标——明确整体的方向——为后续打好基础

演示目的	演讲风格	逻辑结构	用词风格	选材方向
争取资源	平稳冷静	先谈进展再谈困难	专业	多用专业图表说话
启迪思考	热情大方	先谈故事再谈道理	幽默	多用实际案例说话
获得表扬	积极主动	先谈成绩再谈不足	自信	多用数据图表说话
获得升迁	成熟老练	先谈经验再谈规划	沉稳	多用职业素养说话
获得谅解	低调谦和	先谈苦劳再谈结果	诚恳	多用保守表格说话

传达信息

若主题与信息传达相关，以下逻辑框架可参考

S	Situation	情景
C	Complication	冲突
Q	Question	疑问
A	Answer	回答

M	Mutually	相互独立
E	Exclusive	
C	Collectively	完全穷尽
E	Exhaustive	

W	Who	谁来做
W	Why	为什么
W	What	是什么
W	When	什么时候
W	Where	在哪里
H	How	怎么做

发表观点

若主题与观点传递相关，以下逻辑框架可参考

P	Position	立场
R	Reason	理由
E	Example	实例
P	Position	立场

S	Strengths	优势
W	Weaknesses	劣势
O	Opportunities	机会
T	Threats	威胁

F	Features	属性
A	Advantages	优势
B	Benefits	利益
E	Evidence	证据

号召行动

若主题与号召行动相关，以下逻辑框架可参考

A	Attention	注意
I	Interest	兴趣
D	Desire	欲望
A	Action	行动

P	Plan	计划
D	Do	执行
C	Check	检查
A	Action	行动

G	Goal	目标设定
R	Reality	现况分析
O	Options	发展路径
W	Will	行动计划

演示内容

动手之前，建议先了解与演示内容有关的信息，减少搜集素材的时间

文本内容

- ☐ PPT原始文档（可能是Word）
- ☐ PPT辅助资料（如背景信息或相关数据）
- ☐ 文字是否可以删减
- ☐ 是否需要添加备注
- ☐ PPT页数是否有要求

视觉素材

- ☐ 图片
- ☐ 图标
- ☐ 字体
- ☐ 模板
- ☐ 视频
- ☐ Logo及使用规范
- ☐ 是否可以购买版权素材

演示类型

动手之前，建议先了解PPT的演示类型，制作合适的稿件

演示时间

动手之前，了解与时间相关的信息，有助于把控PPT页数及制作进度

演示地点

预约/确认演示地点，必要时可以前往测试演示效果

酒　店

会 议 室

大型会场

教　室

演示环境

演示环境会影响呈现效果，要注意环境光线、硬件设备、最后一排观众的距离等

遇亮则亮

当环境光较亮时，建议使用浅色背景

浅色背景更好 ✓

深色背景泛白 ✕

遇暗则暗

当环境光较暗时，建议使用深色背景

深色背景更好 ✓

浅色背景刺眼 

演示软件

提前了解对方使用的演示软件，避免因为软件或版本不兼容造成麻烦

PowerPoint 双方版本差别过大，会对演示效果造成影响

□ 2003　□ 2007　□ 2010　□ 2013　□ 2016　□ 365

WPS PPT 不能直接打开 WPS 文件，需要在 WPS 中另存为“.ppt”格式

□ 2003　□ 2007　□ 2016　□ 2013　□ 2019　□ 企业版

Keynote Keynote 可以打开 PPT 文件，但 PPT 不能打开 Keynote 文件

软件设置

动手之前做好相关软件设置，能大幅提升PPT制作效率

设置自动保存时间

利用自动保存能够及时找回死机、停电前的演示文稿

保存演示文稿

☑ PowerPoint 默认自动保存 OneDrive 和 SharePoint Online 文件

将文件保存为此格式(F): PowerPoint 演示文稿

☑ 保存自动恢复信息时间间隔(A) 1 分钟(M)

☑ 如果我没保存就关闭，请保留上次自动恢复的版本(U)

▲ [文件] → [选项] → [保存]

设置撤销次数

将撤销次数调到最大，避免因操作太多而无法撤销

编辑选项

☑ 选定时自动选定整个单词(W)

☑ 允许拖放式文字编辑(D)

☐ 不自动超链接屏幕截图(H)

最多可取消操作数(X): 150

▲ [文件] → [选项] → [高级]

善用浮动工具栏

选中文本会出现浮动工具栏，直接进行操作大大减少鼠标移动，提高效率

用户界面选项

在使用多个显示时:

○ 优化实现最佳显示(需重启应用程序)(A)

◉ 针对兼容性优化(C)

☑ 选择时显示浮动工具栏(M)

▲ [文件] → [选项] → [常规]

默认设置

动手之前做好相关默认设置，能大幅提升PPT制作效率

设置PPT母版

设置PPT母版，可在页面的固定位置添加素材，便于后期的批量处理

幻灯片母版 讲义母版 备注母版

▲ [视图] → [幻灯片母版]

设置默认文本框

默认文本框让PPT字体统一为所需字体，不需要重复设置

设置为默认文本框(D)

大小和位置(Z)...

设置形状格式(O)...

▲ 选中文本框 → 右键 [设置为默认文本框]

设置默认颜色

设置默认颜色，当再次插入形状或图表时，不用烦琐地更换颜色

▲ [设计] → [变体] → [颜色]

快捷设置

熟练快捷操作，能大幅提升PPT制作效率

添加快速访问栏

将一些高频操作添加到快速访问栏，
可以快速调用，不用在选项卡层层寻找

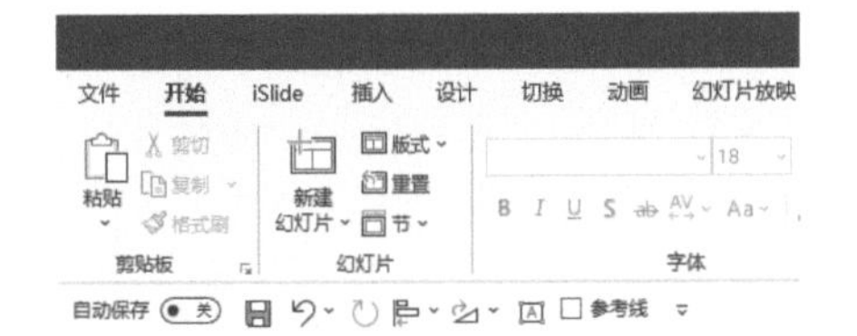

熟悉快捷键

熟练使用PPT的快捷键
能够极大地提高PPT制作效率

Ctrl+F	查找	Shift+F5	从当前幻灯片放映
Ctrl+D	创建对象副本	Alt+F5	显示演示者视图
Ctrl+G	组合对象	Alt+F9	显示/隐藏参考线
Ctrl+Shift+G	取消组合	Alt+F10	显示选择窗格
Ctrl+Shift+C	复制对象格式	F4	重复最后一次操作
Ctrl+Shift+V	粘贴对象格式	F5	从头开始放映

结构规划

确定5个主要结构页面的版式，能让你的 PPT 整体排版统一、规范

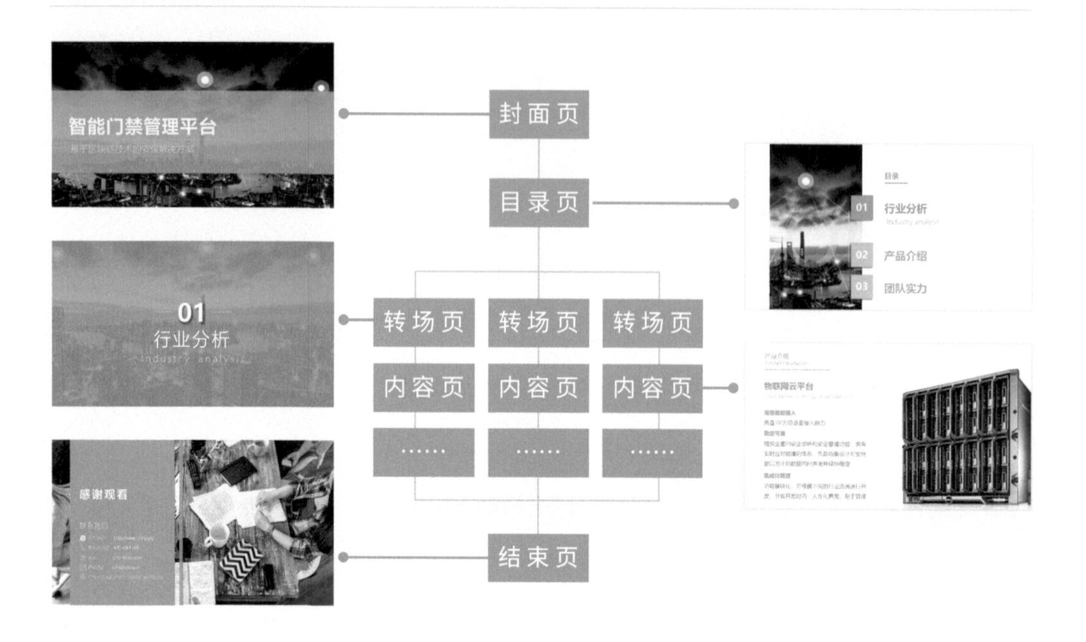

字体字号

做好字体、字号的搭配规划，能让你的 PPT 整体排版统一、规范

字体规划

举例：

中文标题：微软雅黑

中文正文：微软雅黑 Light

西文标题：微软雅黑

西文正文：微软雅黑 Light

字号规划

封面字号	目录页字号	内页字号
主标题：45~60 pt	标 题：28~36 pt	主标题：20~28 pt
副标题：30~40 pt	正 文：18~24 pt	副标题：16~18 pt
		正 文：18~20 pt
		注 释：10~12 pt

形状规划

做好形状使用规划，能让你的 PPT 整体排版统一、规范

统一标题、色块和蒙版等元素的形状、尺寸；统一线条、箭头注释框等元素的类型和使用场景。区分强调和非强调的状态。

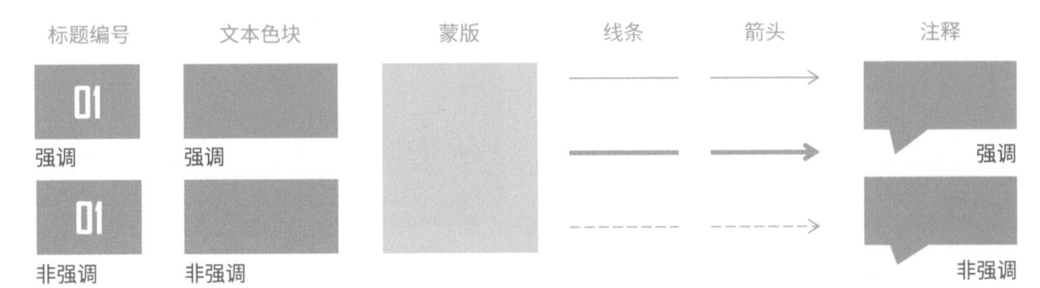

页边距规划

页面内容与边界间要留出页边距，让页面不会显得过于拥挤

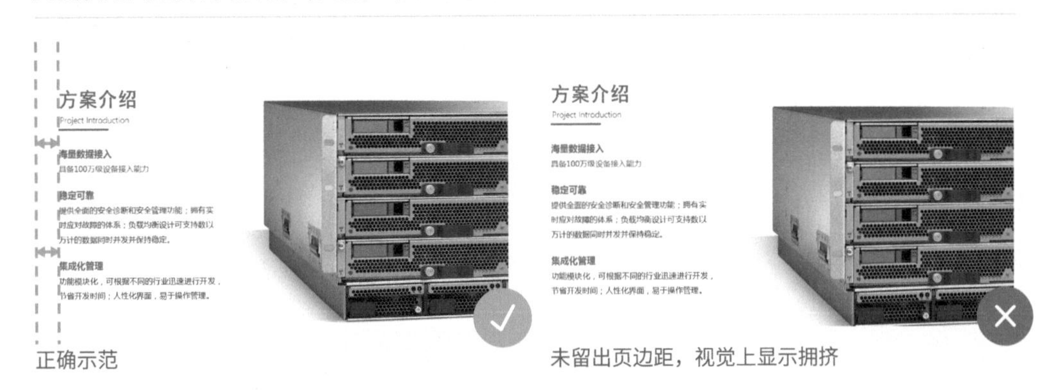

框边距规划

文本在形状中，与形状边框间适度留白，推荐值为字宽的4分之1

工作型PPT

工作型PPT

留白适宜，正确示范 

缺少留白，排得太满 

留白过多，不成比例 

分布距规划

并列结构下的图形位置间距要保持相同

文本框分布间距一致

文本框间距不同，造成逻辑误解

对齐原则

幻灯片中任何元素都不能随意摆放，元素之间要保持对齐

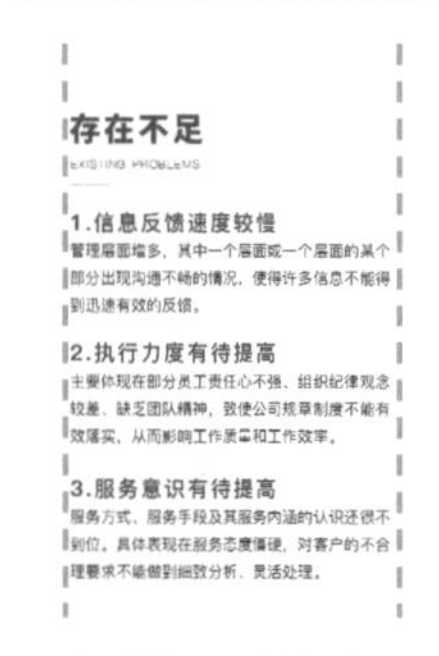

元素对齐，阅读顺畅

存在不足
EXISTING PROBLEMS
1.信息反馈速度较慢
管理层面增多，其中一个层面或一个层面的某个部分出现沟通不畅的情况，使得许多信息不能得到迅速有效的反馈。
2.执行力度有待提高
主要体现在部分员工责任心不强、组织纪律观念较差、缺乏团队精神，致使公司规章制度不能有效落实，从而影响工作质量和工作效率。
3.服务意识有待提高
服务方式、服务手段及其服务内涵的认识还很不到位，具体表现在服务态度僵硬，对客户的不合理要求不能做到细致分析、灵活处理。

缺乏对齐，阅读不便

对比原则

重点内容可通过加粗、不同颜色等对比方式，方便读者快速阅读重点信息

工作中存在的不足

1、信息反馈速度较慢
为了加强管理力度，管理层面增多，其中一个层面或一个层面的某个部分出现沟通不畅的情况，使得许多信息不能得到迅速有效的反馈，甚至反馈受阻，致使小问题变成大问题，处理起来比较被动。

2、执行力度有待提高
主要体现在部分员工责任心不强、组织纪律观念较差、缺乏团队精神，致使公司规章制度不能有效落实，工作中差错重复出现，份内工作不能及时完成，从而影响到整个公司的工作质量和工作效率；其次部分员工或基层领导自我意识较强，对直接领导的指令采取消极甚至抵触的态度，执行效率很差；

3、服务意识有待提高
部分员工对“顾客是我们的衣食父母”的认识还不够深刻，对某些服务方式、服务手段及其服务内涵的认识还很不到位。具体表现在服务态度僵硬，对客户的不合理要求不能做到细致分析、灵活处理。

存在对比，重点清晰

工作中存在的不足

1、信息反馈速度较慢
为了加强管理力度，管理层面增多，其中一个层面或一个层面的某个部分出现沟通不畅的情况，使得许多信息不能得到迅速有效的反馈，甚至反馈受阻，致使小问题变成大问题，处理起来比较被动。

2、执行力度有待提高
主要体现在部分员工责任心不强、组织纪律观念较差、缺乏团队精神，致使公司规章制度不能有效落实，工作中差错重复出现，份内工作不能及时完成，从而影响到整个公司的工作质量和工作效率；其次部分员工或基层领导自我意识较强，对直接领导的指令采取消极甚至抵触的态度，执行效率很差；

3、服务意识有待提高
部分员工对“顾客是我们的衣食父母”的认识还不够深刻，对某些服务方式、服务手段及其服务内涵的认识还很不到位。具体表现在服务态度僵硬，对客户的不合理要求不能做到细致分析、灵活处理。

缺乏对比，重点不突出

亲密原则

将彼此相关的内容放在一起，提升信息在视觉上的组织性和结构性

正确示范，相关内容靠近

内容过于分散

一致原则

并列结构下的图形大小、形状要一致

文本边框长短一致

文本边框长短不一

重复原则

刻意保持设计元素（字体、颜色等）在页面中重复出现，以保证幻灯片的视觉统一

风格统一，专业规范

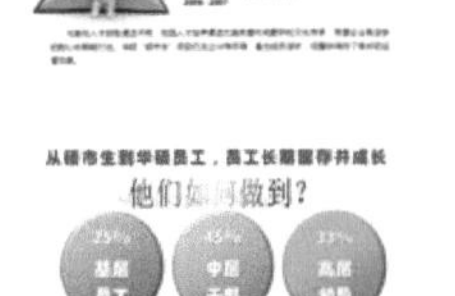

风格杂乱，有拼凑感

对比差异

为保证背景色不影响内容的识别，文字颜色与背景色之间需有一定的对比差异

四种市场类型比较

市场类型	购买者	购买用途	购买特点	购买决策者
消费者	个人家庭	生活需要	非专家购买、零星分散购买、个性化	家庭决策者
生产者	生产企业	生产需要	专家购买、批量集中采购；技术要求高	采购负责人
中间商	商贸企业	转卖需要	理智型购买、批量采购；看重货品市场	柜台、分店经理
政府机关	政府机构	职能需要	招标购买、批量采购；看重价格实惠	招投标中心

文字易阅读

四种市场类型比较

市场类型	购买者	购买用途	购买特点	购买决策者
消费者	个人家庭	生活需要	非专家购买、零星分散购买、个性化	家庭决策者
生产者	生产企业	生产需要	专家购买、批量集中采购；技术要求高	采购负责人
中间商	商贸企业	转卖需要	理智型购买、批量采购；看重货品市场	柜台、分店经理
政府机关	政府机构	职能需要	招标购买、批量采购；看重价格实惠	招投标中心

文字难以阅读

颜色数量

同一页幻灯片中所用的颜色，建议不超过3种颜色

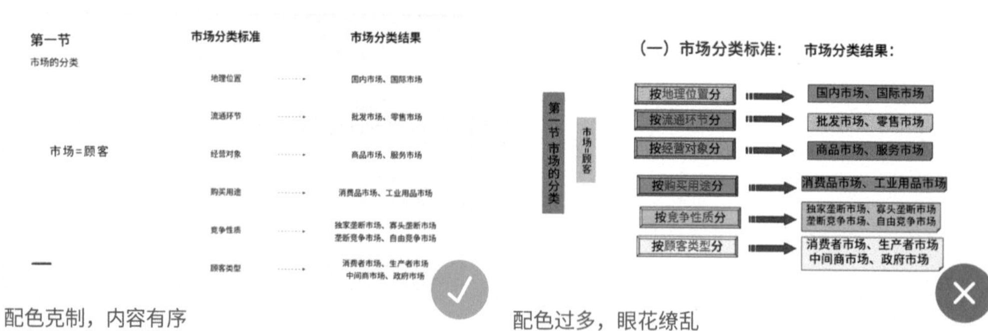

配色克制，内容有序

配色过多，眼花缭乱

区分主次

区分重点与非重点内容，建议使用深浅不同的颜色来区分主次

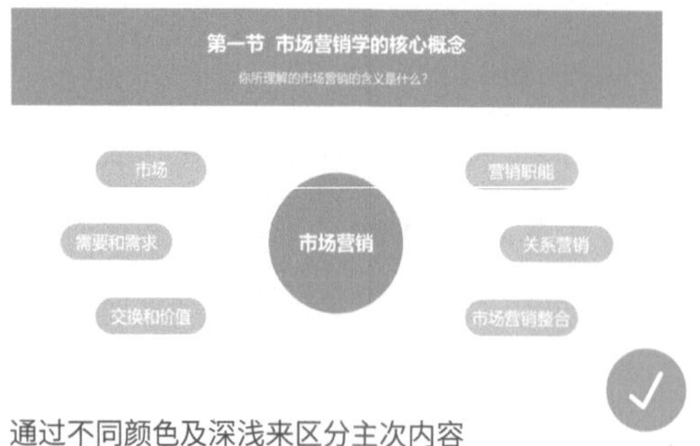

通过不同颜色及深浅来区分主次内容

颜色混乱，主次不分

逻辑关系

逻辑相关联的内容采用同种颜色，不同内容则采用不同配色，避免出现逻辑混乱

正确示范

不同类型内容使用了相同颜色

匹配与统一

配色需考虑场合、行业属性、品牌视觉规范等因素合理取色

演示场合

- ☐ 商务场合 - 严肃
- ☐ 时尚潮流 – 多彩炫目
- ☐ …

行业属性

- ☐ 党政 - 红黄
- ☐ 建筑 - 深蓝
- ☐ 医疗 - 绿色
- ☐ 高奢 - 黑金
- ☐ …

视觉规范

- ☐ 企业VI规范
- ☐ 官网配色
- ☐ Logo 颜色

整体配色

在开始制作时，先确定好整体配色，能让你的 PPT 更加统一，规范

大范围使用的色彩，用于封面、色块和标题等

主色外大范围使用的颜色

强调部分内容时的颜色

便于识别

使用易识别字体，尤其在大段的正文中，便于阅读理解

简报全称简述报告、演示文稿，因以前用幻灯片报告而混同叫幻灯片，有时也借用简报软件PowerPoint来代指电子版简报，指就一个题目向听众陈述内容、传达讯息或观点的过程。这一过程中所展示的图片、文字说明也可叫简报。简报形式可多元化：除简报软件之外，传统的印刷或手写方式亦是很好的简报媒介。

常规字体，文字易阅读

简报全称简述报告、演示文稿，因以前用幻灯片报告而混同叫幻灯片，有时也借用简报软件PowerPoint来代指电子版简报，指就一个题目向听众陈述内容、传达讯息或观点的过程。这一过程中所展示的图片、文字说明也可叫简报。简报形式可多元化：除简报软件之外，传统的印刷或手写方式亦是很好的简报媒介。

艺术字体，文字难以阅读

控制种类

一页PPT中，字型控制在2~3种，整套PPT为2~4种

秋叶PPT公众号
运营情况分析

汇报人：秋小叶
2020年12月31日

字体类型合适，清晰干净

秋叶PPT公众号
运营情况分析

汇报人：秋小叶
2020年12月31日

字体类型过多，画面杂乱

层次分明

标题字与正文字要有明显区分，如大小、颜色、粗细、字体类型等

公司介绍

武汉幻方科技成立于2014年1月23日，是一家在线教育内容提供商，现已成为国内Office领域领导品牌，网易云课堂金牌讲师团队。已开发有秋叶系列版权课程（零基础学office、和秋叶一起学Office等系列）超百万学员选择和秋叶一起学PPT课程销量遥遥领先！

对比明显，标题突出

公司介绍

武汉幻方科技成立于2014年1月23日，是一家在线教育内容提供商，现已成为国内Office领域领导品牌，网易云课堂金牌讲师团队。已开发有秋叶系列版权课程（零基础学office、和秋叶一起学Office等系列）超百万学员选择和秋叶一起学PPT课程销量遥遥领先！

缺少对比，标题不明显

重点突出

正文加粗不宜过多，全是重点等于没有重点

公司介绍

武汉幻方科技成立于2014年1月23日，是一家在线教育内容提供商，现已成为国内Office领域领导品牌，网易云课堂金牌讲师团队。已开发有秋叶系列版权课程（零基础学office、和秋叶一起学Office等系列）**超百万学员选择和秋叶一起学PPT课程销量遥遥领先！**

加粗适宜，重点突出

公司介绍

武汉幻方科技**成立于2014年1月23日**，是一家在线教育内容提供商，现已成为**国内Office领域领导品牌**，网易云课堂金牌讲师团队。已开发有**秋叶系列版权课程**（零基础学office、和秋叶一起学Office等系列）**超百万学员选择和秋叶一起学PPT课程销量遥遥领先！**

过多突出，失去重点

标题行距

标题行距推荐1.2~1.5倍行距，过宽会误认为是无关联的信息

秋叶PPT公众号
运营情况分析

汇报人：秋小叶
2018年12月31日

1.2倍行距，间距合适

秋叶PPT公众号

运营情况分析

汇报人：秋小叶
2018年12月31日

2倍行距，过宽

文本行距

文本间要留出空间，便于阅读，默认值为1倍，推荐改为1.2~1.5倍

简报，全称简述报告、演示文稿，因以前用幻灯片报告而混同叫幻灯片，有时也借用简报软件PowerPoint来代指电子版简报，是指就一个题目向听众陈述内容、传达讯息或观点的过程。这一过程中所展示的图片、文字说明也可叫简报。

1.3倍行距，间距合适，阅读舒适

简报，全称简述报告、演示文稿，因以前用幻灯片报告而混同叫幻灯片，有时也借用简报软件PowerPoint来代指电子版简报，是指就一个题目向听众陈述内容、传达讯息或观点的过程。

1.0倍行距，过挤，阅读不舒适

文本行长

文本行长推荐使用15～40个字符，过短、过长不易阅读

简报，全称简述报告、演示文稿，因以前用幻灯片报告而混同叫幻灯片，有时也借
用简报软件PowerPoint来代指电子版简报，指就一个题目向听众陈述内容、传达
讯息或观点的过程。这一过程中所展示的图片、文字说明也可叫简报。简报形式可
多元化：除使用简报软件之外，传统的印刷或手写方式亦是很好的简报媒介。

简报，全称简述报告、演示文稿，因以前用幻灯片报告而混同叫幻灯片，有时也借用简报软件PowerPoint来代指电子
版简报，是指就一个题目向听众陈述内容、传达讯息或观点的过程。这一过程中所展示的图片、文字说明也可叫简报。
简报的形式可以多元化：除使用简报软件之外，传统的印刷或手写方式亦是很好的简报媒介。

阅读顺畅

文本长短不一，推荐使用“两端对齐”，且要避免末行出现零星文字

武汉幻方科技有限公司成立于2014年1月23日，
是一家在线教育内容提供商，现已成为国内
Office教育领域领导品牌，网易云课堂认证金牌
讲师团队。开发有秋叶系列版权课程，超百万
学员选择和秋叶一起学PPT课程销量遥遥领先！

两端对齐，视觉规整

武汉幻方科技有限公司成立于2014年1月23日，
是一家在线教育内容提供商，现在已成为国内
Office教育领域领导品牌，网易云课堂认证金
牌讲师团队。已开发有秋叶系列版权课程，超
百万学员选择和秋叶一起学PPT课程销量遥遥
领先！

文本两端参差不齐，有零星文字

无错别字

检查是否有错别字，特别是公司、领导、客户、汇报人名称和职位等

秋叶PPT公众号
运营情况分析

汇报人：秋小叶
2019年12月31日

正确无误

秋叶PPY公共号
运营情况分析

汇报人：秋晓叶
2018年12月31日

错别字大忌讳

清晰直观

勿过度美化，不能干扰对表格内容的阅读

》几款国产手机的参数对比《

对比项	华为 P30 Pro	华为 P30	华为 Mate 20X	OPPO Reno	红米 K20 Pro
上市时间	2019年4月	2019年7月	2019年7月	2019年6月	2019年5月
运行内存	8GB	8GB	8GB	6GB	8GB
机身重量（g）	192	165	233	185	191
电池额定容量（mAh）	4100	3550	4100	3680	3900
分辨率（像素）	2340*1080	2340*1080	1080*2244	2340*1080	2340*1080
后摄的主摄像素（像素）	4000万	4000万	4000万	4800万	4800万
机身厚度（mm）	8.41	7.57	8.38	9.0	8.8

简单直观，清晰明了

》几款国产手机的参数对比《

对比项	华为 P30 Pro	华为 P30	华为 Mate 20X	OPPO Reno	红米 K20 Pro
上市时间	[illegible]	2019年7月	2019年7月	2019年6月	2019年5月
运行内存	[illegible]	8GB	8GB	6GB	8GB
机身重量（g）	[illegible]	165	233	185	191
电池额定容量（mAh）	4100	3550	4100	3680	3900
分辨率（像素）	[illegible]	2340*1080	1080*2244	2340*1080	2340*1080
后摄的主摄像素（像素）	[illegible]	4000万	4000万	4800万	4800万
机身厚度（mm）	[illegible]	7.57	8.38	9.0	8.8

滥用特效，影响阅读

单行阅读

表格中的文字尽量不要折行，提升阅读体验

》几款国产手机的参数对比《

对比项	华为 P30 Pro	华为 P30	华为 Mate 20X	OPPO Reno	红米 K20 Pro
上市时间	2019年4月	2019年7月	2019年7月	2019年6月	2019年5月
运行内存	8GB	8GB	8GB	6GB	8GB
机身重量（g）	192	165	233	185	191
电池额定容量（mAh）	4100	3550	4100	3680	3900
分辨率（像素）	2340*1080	2340*1080	1080*2244	2340*1080	2340*1080
后摄的主摄像素（像素）	4000万	4000万	4000万	4800万	4800万
机身厚度（mm）	8.41	7.57	8.38	9.0	8.8

文本尽量全部单行阅读

》几款国产手机的参数对比《

对比项	华为 P30 Pro	华为 P30	华为 Mate 20X	OPPO Reno	红米 K20 Pro
上市时间	2019年4月	2019年7月	2019年7月	2019年6月	2019年5月
运行内存	8GB	8GB	8GB	6GB	8GB
机身重量	192g	165g	233g	185g	191g
电池额定容量	4100mAh	3550mAh	4100mAh	3680mAh	3900mAh
分辨率	FHD+ 2340*1080 像素	FHD+ 2340*1080 像素	FHD+1080*2244 像素	2340*1080	2340*1080 FHD+
后摄的主摄像素	4000万像素	4000万像素	4000万像素	4800万像素	4800万像素
机身厚度	8.41mm	7.57mm	8.38mm	9.0mm	8.8mm

文本折行阅读，阅读不通畅

粗细适中

表格中线框不宜过粗、过细

市场部人力配置	销售总监	市场部
	区域销售	市场部
	区域销售	市场部
	区域销售	市场部
研发部人力配置	研发总监	研发部
	研发工程师	研发部
	研发工程师	研发部

线框粗细适当，视觉舒适

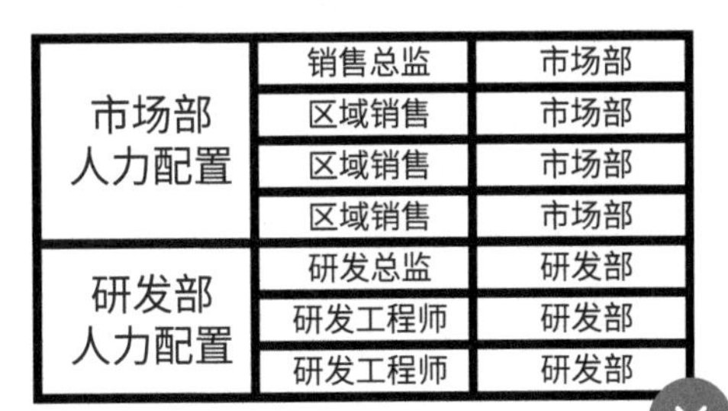

市场部人力配置	销售总监	市场部
	区域销售	市场部
	区域销售	市场部
	区域销售	市场部
研发部人力配置	研发总监	研发部
	研发工程师	研发部
	研发工程师	研发部

线框过粗，视觉压力过大

正确选择

选择正确的图表，是用好图表的前提条件

比例

趋势

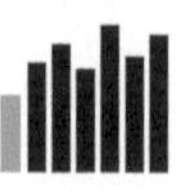

分布

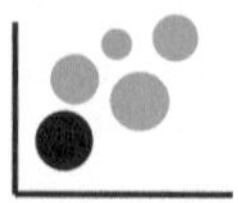

相关

综合

清爽明了

勿过度美化，不能干扰对图表信息的理解

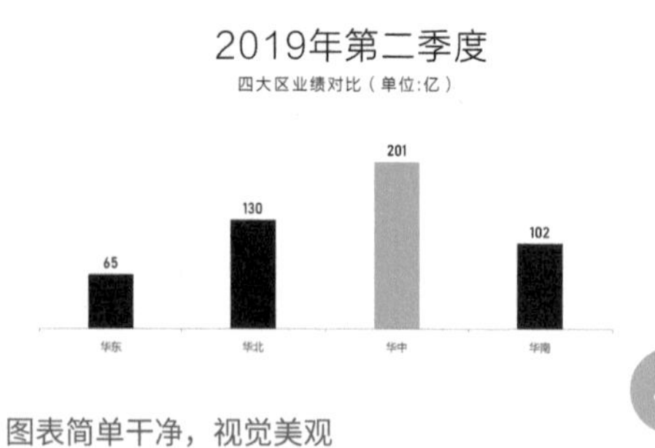

图表简单干净，视觉美观

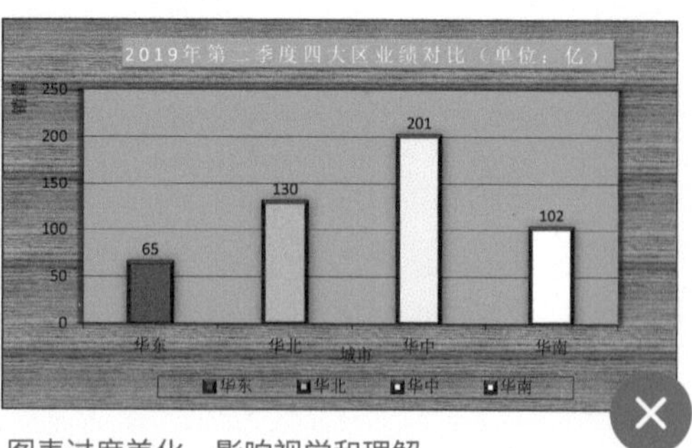

图表过度美化，影响视觉和理解

标注清晰

图表中的标注与文字内容要清晰，方便读者阅读/观众浏览

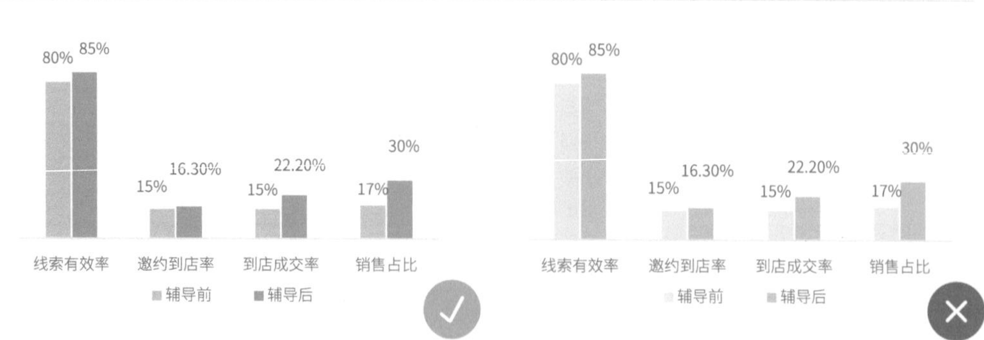

不同系列数据之间清晰明了

不同系列数据之间区分不够明显

慎用特效

慎用三维、立体、透视等效果，减少视觉上带来的误差

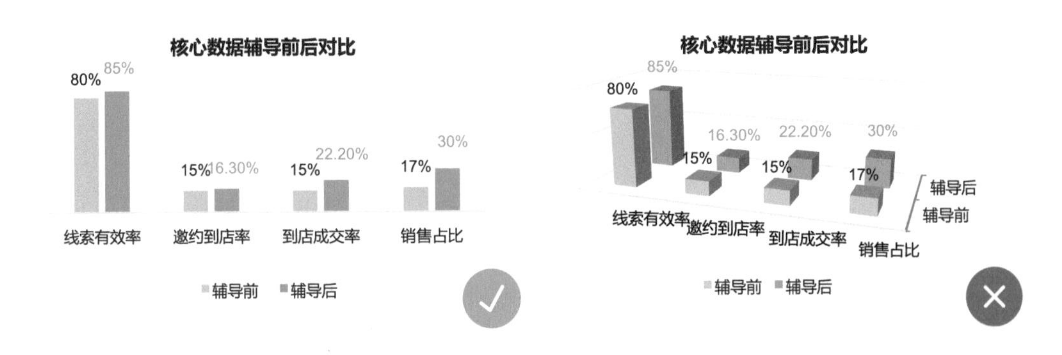

起始数值

坐标轴起始值非0会扭曲信息

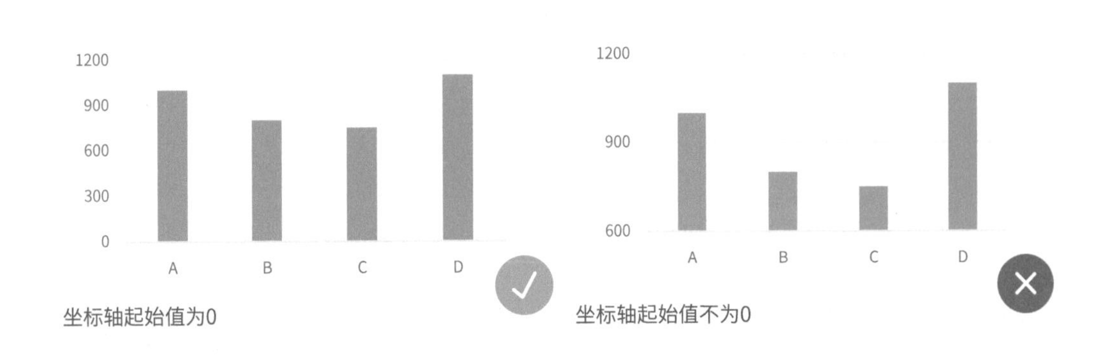

单位统一

具有关联性的图表，坐标轴须统一单位，否则会造成视觉误解

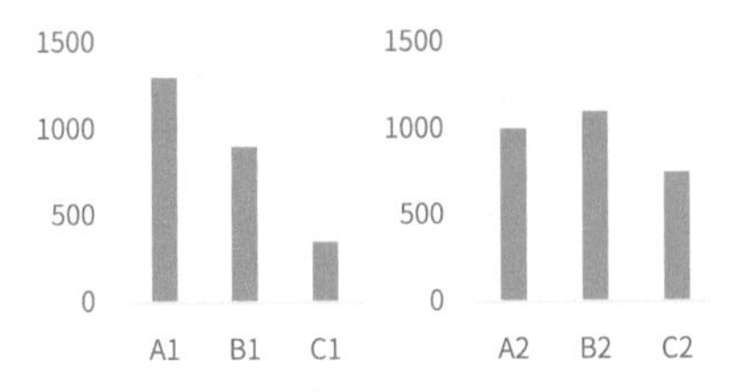

具有关联性的两个图表，坐标轴单位统一

具有关联性的两个图表，坐标轴单位不统一

折线粗细

折线图中的线条过细会看不清，过粗会影响信息传达，一般控制在1~3磅

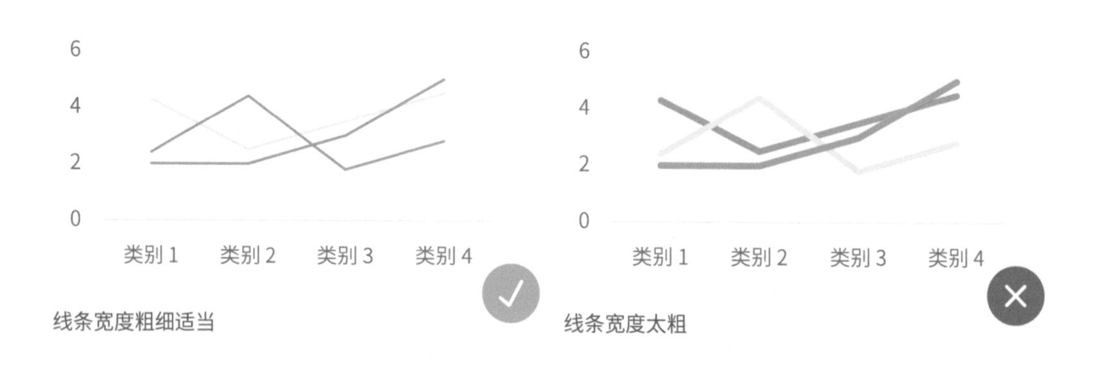

线条宽度粗细适当

线条宽度太粗

12点开始

饼图最大的部分最好放在12点的位置，然后按照顺时针旋转逐次排列

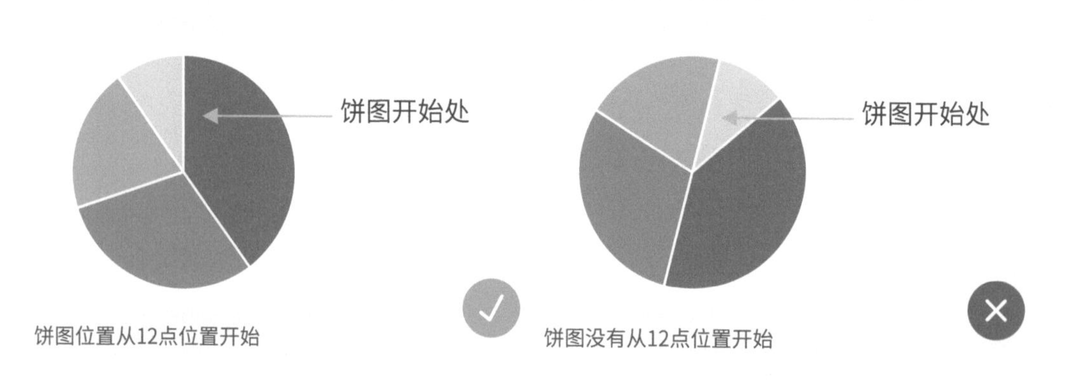

饼图位置从12点位置开始

饼图没有从12点位置开始

阅读第一

不反对在图表中使用创意，但一定把阅读的识别性放在第一位

将折线顶点换成大小适中的图标

图标过大，影响对图表的阅读

图文匹配

图片与内容匹配，不能完全无关，更不能相反

图文匹配，符合主题

图文不符

高清晰度

使用高清的图片，确保放大后不易模糊

图片高清，视觉舒适

模糊的图片给人不专业的印象

没有水印

选择的图片中不能带有水印

没有水印，画面干净

有水印，给人不专业的印象

切勿变形

处理图片时注意图片是否被拉伸、压缩、使用过多特效

正确示范

被拉伸

被压缩

过多特效

谨慎裁剪

裁剪人物照片时，尽量保持完整，避免在人物关节处裁剪所造成的不适感

原图

正确示范

图标统一

图标大小、颜色、线条粗细、外部轮廓、颜色填充方式是否统一

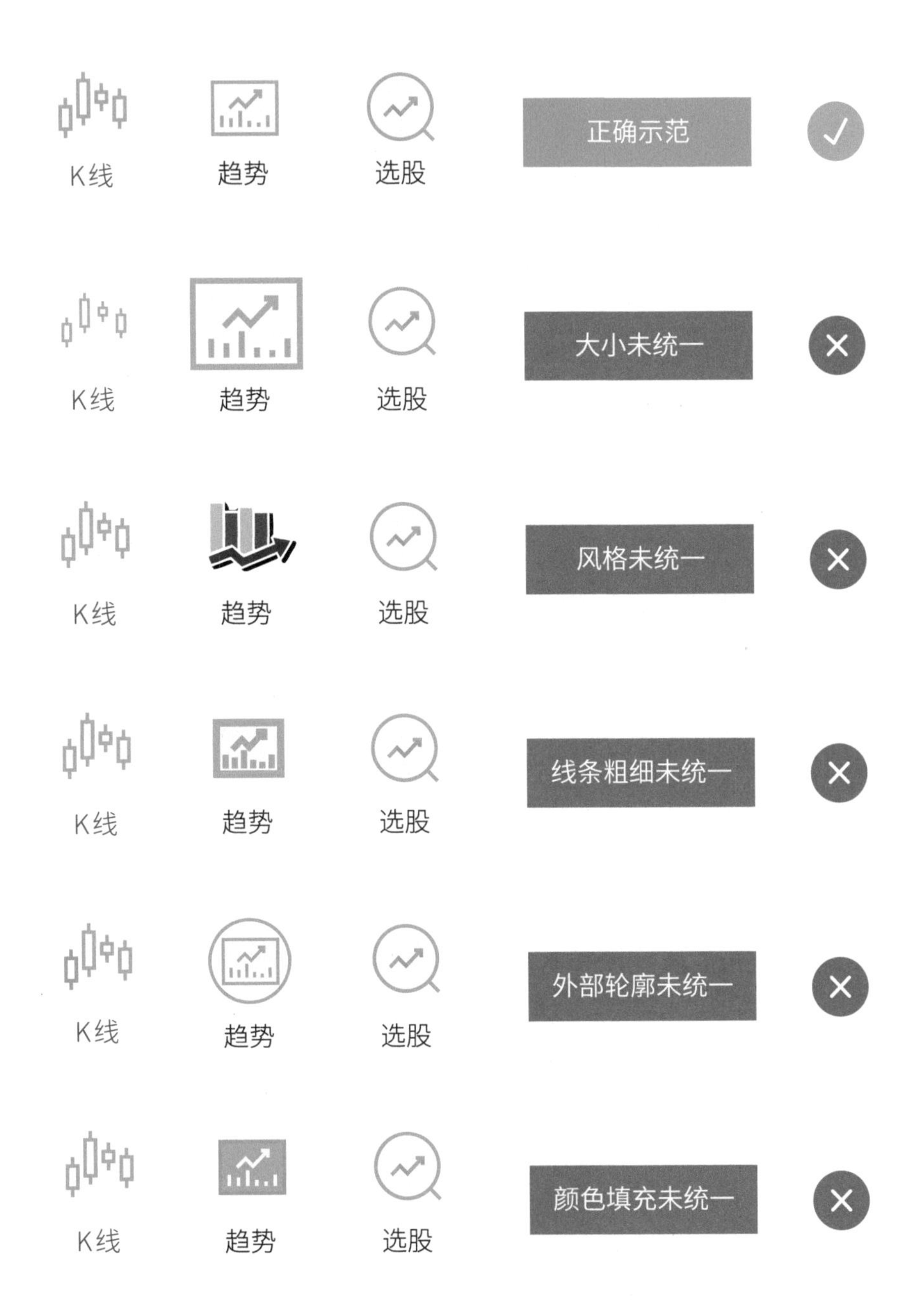

无底色

推荐PNG、SVG格式，不使用JPG、JPEG等有底色图标

图标无底色，和谐统一

图标有底色，影响观感

矢量性

推荐PNG、SVG等矢量格式，不使用JPG、JPEG等放大易模糊的图标

矢量图标能保持清晰度

非矢量图标放大后会模糊

相关性

保持图标与内容的相关性，且逻辑层级正确

K线 趋势 选股

图标与内容相关

K线 趋势 选股

图标与内容无关

音频格式

对照下表检查PPT所支持的音频格式，确保正常播放

文件格式	扩展名
AIFF音频文件	.aiff
AU音频文件	.au
MIDI文件	.mid 或 .midi
MP3音频文件	.mp3
高级的音频编码mpeg-4 音频文件	.m4a、.mp4
Windows音频文件	.wav
Windows Media Audio 文件	.wama

视频格式

对照下表检查PPT所支持的视频格式，确保正常播放

文件格式	扩展名
Windows Media 文件	.asf
Windows 视频文件	.avi
MP4 视频文件	.mp4、.m4v、.mov
电影文件	.mpg 或 .mpeg
Adobe Flash 媒体	.swf
Windows Media 视频文件	.wmv

媒体播放

换电脑后，之前插入的音/视频无法播放，怎么办？

2010 版本以上 PPT，音 / 视频文件完整嵌入后，更换电脑也可正常播放

2010 及以下版本 PPT，需保持原路径，同时复制视 / 音频文件，方可正常播放

设备检查

为保证演示顺利，请检查主要演示设备及辅助设备是否正常

主要设备

笔记本

- □ 接入电源
- □ 无电源，检查电池续航是否足够

投影仪/屏幕

- □ 接入电源
- □ 是否显示正常

接口兼容性

- □ 不同笔记本和投影仪接口不同，请参照下表检查

投影仪
VGA 接口

HDMI- VGA

如果笔记本没有VGA，只有HDMI接口，可用HDMI转VGA线

VGA线

如果笔记本有VGA接口，可用VGA线直连笔记本和投影仪

VGA线 TYPE C-VGA线

苹果笔记本没有VGA接口，需要TPEC转VGA，才能接到投影仪

非苹果
笔记本

苹果笔记本

HDMI线

如果笔记本有HDMI线材，可以直接连接投影仪

HDMI线 TYPE C-HDIMM线

苹果笔记本没有HDMI接口，需要TPEC转HDMI，才能接到投影仪

VGA -HDMI

如果笔记本没有HDMI接口，可以用VGA转HDMI线

投影仪
HDMI 接口

辅助设备

麦克风和音响

- □ 是否正常
- □ 是否有备用

U盘备份

- □ U盘是否正常
- □ 文件是否有备份

激光翻页笔

- □ 电量是否充足
- □ 是否有备用

演示DEMO

- □ 演示是否正常
- □ 是否有备选方案

格式检查

为确保被演示电脑正常播放，请检查文件格式

操作系统是否支持

使用他人电脑演示，请参照右表检查其操作系统是否支持演示文件格式

	PPT格式（.PPT .pptx）	Keynote格式（.key）
Windows 系统	可以打开 ✓	无法打开 ✕
MAC 系统	安装Mac版Office可以打开，但需检查配色、动画效果、插入形状等是否正常 ✓	可以打开 ✓

效果检查

在正式演示前，迅速检查演示效果

页面

页面是否存在变形、黑边或页面不完整？

动画

重要动画与效果是否正常显示？

图片和图标

图片、图标是否丢失或变形？

附件和链接

是否可以正常打开？

字体

字体是否丢失/乱码？

媒体文件

是否可以正常播放？

文件检查

演示结束后，如需给到场观众发送PPT文件，建议检查以下项目

邮件发送

- □ 是否注明“请见附件”
- □ 是否添加了附件
- □ 收件人邮箱是否正确
- □ 是否抄送相关领导、同事
- □ 附件是否过大

手机发送

- □ QQ/微信不易存档，发送前需要确认
- □ 手机观看存在乱码风险，发送前先在手机上检查
- □ 一般选择PDF版本

设置只读

- □ 防止文档被修改

设置加密

- □ 防止无关人员打开文档
- □ 防止文档被打印或复制

商务合作

请 相 信 品 牌 的 力 量

Office培训服务

500强企业培训优质合作机构

- 四轮详细需求调研
- 收集企业真实素材
- 上千场企业培训经验
- 多家权威媒体报道
- 三大培训增值服务
- 赠送超值PPT素材包

PPT定制设计服务

让PPT成为企业最亮眼的名片

- 30项详细需求调研
- 108项专业设计品控
- 300次五百强合作经历
- 200场发布会演示经验
- 百万级大号品牌宣传
- 多家权威媒体报道

PPT线上学习服务

让学习变得简单有趣

- 大咖老师直播授课
- 一对一点评贴心辅导
- 作业练习强化吸收
- 小组互助确保学会
- 结业证书增强竞争力
- 赠送3500页模板包

合作咨询请关注公众号【老秦】（ID：laoqinppt），点击底部菜单栏了解详情

资源下载

重磅学习资源速查表

关注微信公众号【老秦】（ID：laoqinppt）

回复表格中对应的关键词，获取一座宝藏！

关键词	资源内容	内容简介
PPT	全网1000篇PPT精华教程	• 19大版块分类，涵盖PPT领域各种知识点 • 1000多篇优质教程，篇篇经典
模板	150多套原创PPT模板	• 年终总结PPT模板 • 毕业答辩PPT模板 • 项目汇报PPT模板 • 产品介绍PPT模板 • 教学课件PPT模板 • 企业介绍PPT模板
自学	《职场人必备自学手册》	• 30个精选自学网站 • 30个优质学习APP • 100个免费优质课程 • 40个职场必备网站
变现	《PPT技能变现指南》	• 如何成为一个高身价的培训师？ • 如何成为一名PPT定制设计师？ • 如何打造一门爆款在线课程？
创意	《脑洞大开的PPT创意》	• 如何只用一张图片，做出一整套PPT？ • 如何用好文本框，让PPT玩出空间感？ • 如何用一个功能做出超酷的PPT动画？
灵感	《5000页PPT灵感大合集》	• 5000页精美案例，让PPT设计灵感不断
逻辑	《PPT逻辑梳理自查手册》	• 13种常见的PPT内容逻辑关系 • 5种常用的PPT汇报逻辑框架 • 8种常见的PPT类型制作思路
字体	40多套免费可商用字体	• 40多款字体免费用，无须担心版权问题 • 6大分析，带你深入剖析每一款字体
素材	《100多PPT素材网站推荐》	• 12大分类，各种PPT素材一网打尽 • 100个网站推荐，使用方式清晰呈现
学习	《秦老师的学习方法论》	• 碎片化时代，如何建立自己的学习体系？ • 如何有效练习，才能成为一个PPT高手？ • 掌握这3个方法，让阅读效果提高100倍！

秋叶® | 让学习简单有趣

QC GUIDE

FOR

WORK-SLIDE

工作型 PPT 品控手册

助 您 打 造 完 美 幻 灯 片

手 册 作 者

秦 阳 / 画 生 / 伟 崇 / 周 子 雅 /Marx

小凤 / 刀客 / 可树 / 侯子旭 / 韵下焕影

ISBN 978-7-115-52596-3

69.80元(附小册子)